BEI GRIN MACHT SICH IHR WISSEN BEZAHLT

AF151053

- Wir veröffentlichen Ihre Hausarbeit, Bachelor- und Masterarbeit

- Ihr eigenes eBook und Buch - weltweit in allen wichtigen Shops

- Verdienen Sie an jedem Verkauf

Jetzt bei www.GRIN.com hochladen
und kostenlos publizieren

Bibliografische Information der Deutschen Nationalbibliothek:

Die Deutsche Bibliothek verzeichnet diese Publikation in der Deutschen National-
bibliografie; detaillierte bibliografische Daten sind im Internet über http://dnb.d-
nb.de/ abrufbar.

Dieses Werk sowie alle darin enthaltenen einzelnen Beiträge und Abbildungen
sind urheberrechtlich geschützt. Jede Verwertung, die nicht ausdrücklich vom
Urheberrechtsschutz zugelassen ist, bedarf der vorherigen Zustimmung des Verla-
ges. Das gilt insbesondere für Vervielfältigungen, Bearbeitungen, Übersetzungen,
Mikroverfilmungen, Auswertungen durch Datenbanken und für die Einspeicherung
und Verarbeitung in elektronische Systeme. Alle Rechte, auch die des auszugsweisen
Nachdrucks, der fotomechanischen Wiedergabe (einschließlich Mikrokopie) sowie
der Auswertung durch Datenbanken oder ähnliche Einrichtungen, vorbehalten.

Impressum:

Copyright © 2009 GRIN Verlag, Open Publishing GmbH
Druck und Bindung: Books on Demand GmbH, Norderstedt Germany
ISBN: 9783640478569

Dieses Buch bei GRIN:

http://www.grin.com/de/e-book/138637/von-marshall-zu-porter-cluster-und-regio-
nale-wettbewerbsfaehigkeit

Philipp Wachenfeld

Von Marshall zu Porter: Cluster und regionale Wettbewerbsfähigkeit

GRIN Verlag

GRIN - Your knowledge has value

Der GRIN Verlag publiziert seit 1998 wissenschaftliche Arbeiten von Studenten, Hochschullehrern und anderen Akademikern als eBook und gedrucktes Buch. Die Verlagswebsite www.grin.com ist die ideale Plattform zur Veröffentlichung von Hausarbeiten, Abschlussarbeiten, wissenschaftlichen Aufsätzen, Dissertationen und Fachbüchern.

Besuchen Sie uns im Internet:

http://www.grin.com/

http://www.facebook.com/grincom

http://www.twitter.com/grin_com

Freie Universität Berlin

Fachbereich Wirtschaftswissenschaft

Seminararbeit im Fach Wirtschaftsgeographie

Sommersemester 2009

Von Marshall zu Porter: Cluster und regionale Wettbewerbsfähigkeit

von   Philipp Wachenfeld

Studienfach   Betriebswirtschaftslehre

Fachsemester 8

Abgabedatum   14. August 2009

Inhaltsverzeichnis

Abbildungsverzeichnis

1 Einleitung

„Deutschland ist im Cluster-Fieber." Dies schreiben Kiese/Schätzl im Vorwort zu ihrem Sammelband über Cluster und Regionalentwicklung (2008, S. XIII).

Diese Aussage scheint angesichts des Spitzencluster-Wettbewerbs der Bundesregierung und zahlreichen regionalpolitischen Clusterprogrammen sehr zutreffend zu sein. Aber nicht nur Deutschland hat dieses Fieber erfasst, auch weltweit sind Cluster ein „Modebegriff" und seit den 1990er Jahren eines der zentralen Themenbereiche der volkswirtschaftlichen und regionalwissenschaftlichen Debatte (Kiese/Schätzl 2008, S. 1; Schamp 2000, S. 29; Sternberg et al. 2004, S. 159).

Doch welche Theorien stehen eigentlich hinter dem Begriff „Cluster"? Wie haben sie sich im Zeitablauf verändert? Und was versteht man heute unter einem Cluster?

Diese Fragen versucht der Autor in der vorliegenden Seminararbeit im Rahmen einer „Zeitreise" zu beantworten. Dabei soll im speziellen auf die Werke Alfred Marshalls zu den industriellen Distrikten (Marshall 1890, Marshall 1920) und Michael E. Porters Buch über „The Competitive Advantage of Nations" (Porter 1990) eingegangen werden, da diese Arbeiten jeweils einen wichtigen und zentralen Beitrag zur Clustertheorie leisten (siehe Abbildung 1). Eine Einführung in die Clustertheorie scheint notwendig, gehen doch die Vorstellungen, was unter einem Cluster zu verstehen ist, aktuell weit auseinander (Kiese/Schätzl 2008, S. 10). Martin/Sunley (2003) sprechen in diesem Zusammenhang sogar von einem „chaotic concept" und schreiben: „Clusters, it seems, have become a world-wide fad, a sort of academic und policy fashion item." (Martin/Sunley 2003, S. 6)

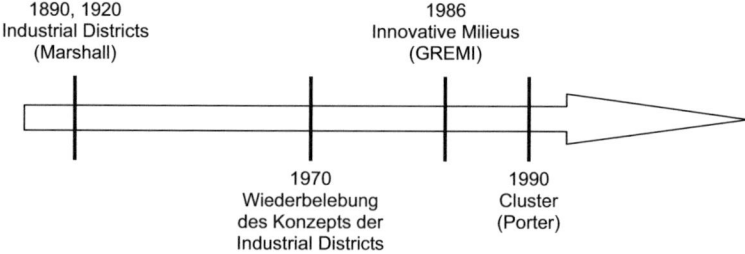

Abb. 1: Ursprünge der Clustertheorie (Schuler 2008, S. 23)

2   Das Konzept der Industriellen Distrikte nach Alfred Marshall

Zunächst soll der Fokus auf die Anfänge der Clustertheorie gelegt werden, und damit auf das Konzept der Industriedistrikte (engl. „industrial districts") nach dem britischen Ökonom Alfred Marshall (Schuler 2008, S. 22), der heutzutage als einer der „forerunners of modern economics" (Becattini 2003, S. 13) gilt.

Dieser schrieb schon 1890 in seinem Hauptwerk „Principles of Economics" und später 1920 in „Industry and Trade" (Marshall 1890, 1920) vom Industriedistrikt als „einem räumlich konzentrierten Ensemble von vielen, eher kleinen und untereinander verbundenen Unternehmen" (Schamp 2000, S. 72; siehe auch Abbildung 2). Scheuplein verwendet in seinem Kapitel über Marshall's Industriedistrikte (2006, S. 148 ff.) auch immer wieder das Synonym des Clusters: „Als Begriff für die Clusterung von Branchen hat Marshall in den 'Principles' die Formel von der 'localized industry' gewählt." (Scheuplein 2006, S. 156) Dies zeigt, dass die Ursprünge des Cluster-Konzeptes bei Marshall zu finden sind.

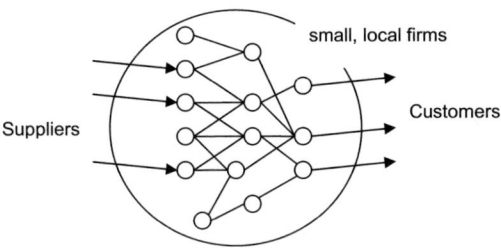

Abb. 2: The Marshallian Industrial District (in Anlehnung an Markusen 1996, S. 297)

Im 20. Jahrhundert gab es dann zunächst eine Tendenz zur Auflösung dieser regionalen Produktionszusammenhänge, wie sie von Marshall beobachtet wurden. Erst in der Diskussion um die Industriedistrikte des Dritten Italiens oder später um die innovativen Milieus in den 1970er und 1980er Jahren wurden Marshalls Ideen wieder aufgegriffen (Bathelt/Glückler 2003, S. 182 ff.; Kiese/Schätzl 2008, S. 9 f.; Raffaelli 2003, S. 127).

Im Folgenden wird nun genauer auf das Book IV aus „Principles of Economics" eingegangen, in denen Marshall im Kapitel „The Concentration of Specialized Industries in Particular Localities" (Marshall 1890, S. 328 ff.) das Phänomen der räumlichen Branchenkonzentration beim verarbeitenden Gewerbe (sekundärer Sektor) genauer beschreibt. Dieses unterteilt er noch einmal in vier Paragraphen: Die historischen Voraussetzungen der industriellen Distrikte, die Gründe für deren Entstehung, die Funktionsmechanismen sowie die Interaktion mit dem Transportsektor.

2.1 Historische Voraussetzungen

Im ersten Abschnitt geht Marshall (1890, S. 328 f.) kurz auf die historischen Voraussetzungen der Industriedistrikte ein: „This concentration of special groups of industry in particular localities, or the ′localization of industry′ as it is commonly called, began at an early stage in the world's history." (Marshall 1890, S. 329)

Diese räumliche Arbeitsteilung und Spezialisierung sieht Marshall als eine Art Vorgänger der modernen Arbeitsteilung in den Gewerbezweigen und in der Geschäftsführung an. Diese kann allerdings erst eintreten, wenn der Zustand des Transportsystems eine Auswahl zwischen Standorten möglich macht (Scheuplein 2006, S. 154).

2.2 Lokalisierungsgründe

Im zweiten Abschnitt gibt Marshall (1890, S. 329 ff.) verschiedene Gründe für die Lokalisierung an.

Als erstes erwähnt Marshall physische Bedingungen (physical conditions) wie beispielsweise klimatische Voraussetzungen, die Bodenbeschaffenheit oder der Zugang zu Rohstoffen und natürlichen Transportwegen.

Ein weiterer Punkt ist die Förderung durch die Höfe (patronage of the courts). Diese boten eine räumlich konzentrierte Nachfrage nach Luxusgütern und zogen somit indirekt hoch qualifizierte Arbeiter an. Zusätzlich kam es auch dazu, dass die Herrscher direkt Einladungen an fremde (Kunst-)Handwerker aussprachen und diese „geclustert" ansiedelten (deliberate invitation of rulers).

Diese genannten Lokalisierungsgründe zeigen, dass Standortfragen nicht restlos in eine rationale Theorie auflösbar sind (Scheuplein 2006, S. 154).

2.3   Funktionsmechanismen

Im dritten Abschnitt (Marshall 1890, S. 332 ff.) werden die Vorteile eines industriellen Distrikts herausgearbeitet und gezeigt, welche ökonomischen Mechanismen langfristig dessen Zusammenhalt sicherstellen. Diese langfristige Perspektive stellt Marshall (1890, S. 332) explizit heraus: „When an industry has once chosen a locality for itself, it is likely to stay there long [...]."

Zunächst geht Marshall auf das innovationsfördernde Milieu des industriellen Distrikts ein: „ [...] great are the advantages which people following the same skilled trade get from near neighbourhood to one another. The mysteries of the trade become no mysteries; but are as it were in the air, and children learn many of them unconsciously. Good work is rightly appreciated, inventions and improvements [...] have their merits promptly discussed; if one man starts a new idea it is taken up by others and combined with suggestions of their own; and thus becomes the source of yet more new ideas." (Marshall 1890, S. 332) Solch ein Milieu wurde von Marshall auch als "Industrieatmosphäre" bezeichnet (Schamp 2000, S. 74).

Als zweiten wichtigen Punkt für das langfristige Bestehen der einzelnen Unternehmen im Industriedistrikt nennt Marshall die Existenz unterstützender Branchen wie beispielsweise Zulieferunternehmen. Durch diese wirtschaftlichen Verzweigungen kann die Arbeitsteilung gesteigert werden, was wiederum einen hohen Grad an Spezialisierung und die Ausnutzung von Skalenerträgen ermöglicht (Scheuplein 2006, S. 155).

Einen dritten wesentlichen Vorteil dieser Art von Cluster sieht Marshall in einem lokalisierten Markt für spezialisierte Arbeitskräfte. Dies macht für Unternehmen die Suche nach geeigneten Arbeitern oder für Arbeitnehmer die Suche nach einem passenden Job leichter. Marshall (1890, S. 333) schreibt hierzu: „Employers are apt to resort to any place where they are likely to find a good choice of workers with the spezial skill which they require; while men seeking employment naturally go to places where they expect to find a good market for their skill [...]." Außerdem hebt er noch hervor, dass es durchaus auch zu starken sozialen Beziehungen und sogar Freundschaften zwischen Arbeitgeber und Arbeitnehmer kommen kann, „social forces here co-operate with economic" (Marshall 1890, S. 333).

Nach Marshalls Ansicht bringt die Ballung der Industrie jedoch auch Nachteile und Risiken mit sich. So kann bei diesen „monostrukturierten Regionen" (Scheuplein 2006, S. 155) eine sehr einseitige Nachfrage nach einzelnen Segmenten im Arbeitsangebot auftreten und die Anfälligkeit für sektorale Konjunkturschwankungen ist relativ hoch. Eine Lösungsmöglichkeit für diese Probleme sieht Marshall in einer komplementären Erweiterung der Branchen.

2.4 Einfluss des Transportsektors

Im vierten Abschnitt (Marshall 1890, S. 334 ff.) geht es um de Interdependenz zwischen der Entwicklung des Transportsektors und der des industriellen Sektors.

Marshall sagt, dass eine Verringerung der Kommunikations- und der Transportkosten (z. B. Senkung der Zölle) im Zeitablauf auch immer für eine Verschiebung der clusterfördernden Kräfte sorgen.

Im Speziellen sieht er hier zwei gegenläufige Tendenzen. Zum einen wird die Konzentration von „particular industries in special localities" (Marshall 189, S. 334) gefördert, da den Produktionskosten dadurch eine größere Rolle zukommt. Zum anderen nimmt jedoch die Mobilität der Arbeitskräfte zu, was sich negativ auf den vorhandenen Pool an hochqualifizierten Arbeitern auswirken kann.

3 Das Diamanten-Modell der nationalen Wettbewerbsfähigkeit nach Michael E. Porter

Nach der Analyse von Marshalls industriellen Distrikten als Ursprung der Clustertheorie wird nun in diesem Kapitel das Clusterkonzept nach Michael E. Porter (1990), „the standard concept in the field" (Martin/Sunley 2003, S. 5), vorgestellt.

Dieser hat Ende des 20. Jahrhunderts in einer Studie zur Wettbewerbsfähigkeit von Nationen versucht, regionale Unterschiede zu erklären. Ausgangspunkt seiner Überlegungen war dabei die Frage, warum es in Ländern mit einer ähnlichen Faktorausstattung zu einer differenzierten Außenhandelsspezialisierung kommt. Er ging davon aus, dass wachsender Wohlstand in einem Land nur mit Produktivitätssteigerungen zu erreichen ist. Diese Produktivitätssteigerungen können nach Porter nur von wettbewerbsfähigen Unternehmen und Branchen erreicht werden.

Die Wettbewerbsfähigkeit wiederum hängt von der Ausprägung verschiedener Faktoren eines Landes ab, die Porter in seinem Diamanten-Modell (siehe Abbildung 3) konkretisiert. Je stärker demnach die Ausprägung der Faktoren, desto wettbewerbsfähiger sind die Branchen und die einzelnen Unternehmen (Schuler 2008, S. 19).

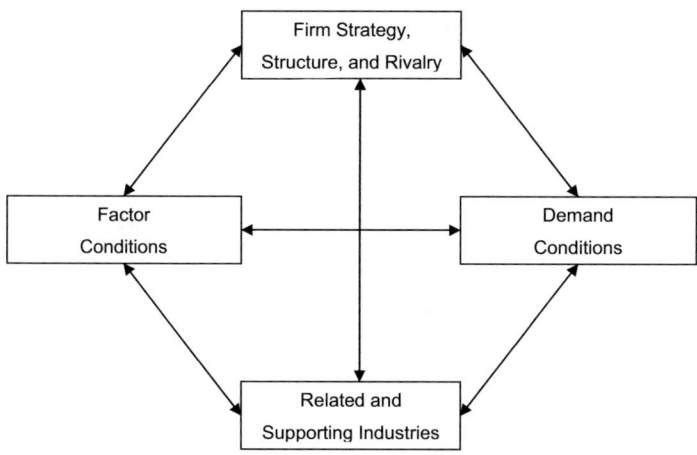

Abb. 3: Determinanten des Diamanten-Modells I (Porter 1990, S. 72)

Porter (1990, S. 72) hebt hierbei den dynamischen Charakter der Faktoren hervor und betont, dass sich die Determinanten wechselseitig beeinflussen: „The diamond is a mutually reinforcing system. The effect of one determinant is contingent on the state of others. [...] Advantages in one determinant can also create or upgrade advantages in others."

Im Folgenden wird nun näher auf die einzelnen Komponenten des Porter'schen Diamanten eingegangen.

3.1 Faktorbedingungen

Zunächst kategorisiert Porter (1990, S. 74 f.) die Faktorausstattung eines Landes in fünf Bereiche:

- Humanressourcen

- Natürliche (materielle) Ressourcen

- Wissenschaftliche Ressourcen

- Kapitalresssourcen

- Infrastruktur

Für Porter ist weniger die Quantität dieser Faktorausstattung entscheidend für die Erzielung von Wettbewerbsvorteilen, vielmehr kommt es auf die Qualität der einzelnen Faktoren an.

Eine weitere Unterscheidung macht Porter (1990, S. 77 ff.) zwischen allgemeinen Basisfaktoren (generalized basic factors) wie beispielsweise natürlichen Ressourcen oder dem Autobahnsystem und speziellen fortschrittlichen Faktoren (spezialized advanced factors). Basisfaktoren bleiben nach Porter zwar wichtig, allerdings sind die speziellen und fortschrittlichen Faktoren meist die entscheidende Kraft für die Generierung eines Wettbewerbsvorteils. Als Beispiele führt er eine moderne digitale Kommunikationsinfrastruktur, hochqualifizierte Arbeitskräfte sowie universitäre Forschungseinrichtungen an.

Den faktorbildenden Prozessen und Institutionen (factor creation) kommt dabei eine wichtigere Bedeutung zu als dem tatsächlichen Faktorbestand (Bathelt/Glückler 2003, S. 149; Porter 1990, S. 80 f.).

Außerdem weist Porter (1990, S. 81 ff.) darauf hin, dass auch Faktornachteile eine positive Wirkung haben können, wenn diese „Druck erzeugen, zu investieren und Knappheiten zu umgehen" (Bathelt/Glückler 2003, S. 149).

3.2 Nachfragebedingungen

Für Porter (1990, S. 86 ff.) sind die Nachfragebedingungen von entscheidender Bedeutung, da durch den Druck von „anspruchsvollen Abnehmern" (Schuler 2008, S. 20) eine ständige Herausforderung zu Innovationen und Investitionen besteht.

Außerdem bildet der Inlandsmarkt eine wichtige Voraussetzung für die Internationalisierung einer Branche.

Zwei Aspekte der Nachfragebedingungen spielen eine zentrale Rolle (Porter 1990, S. 86 ff.). Zum einen ist das die Zusammensetzung der Inlandsnachfrage, denn dadurch können Käuferbedürfnisse vorausgeahnt werden und sog. „first mover advantages" entstehen. Zum anderen sind dies die Größe und die Dynamik der Inlandsnachfrage. Qualitative Aspekte werden dabei analog zur Bewertung der Faktorbedingungen als wichtiger angesehen als quantitative Aspekte (Bathelt/Glückler 2003, S. 149).

Ein weiterer Punkt, der aus Porters Sicht die Nachfrage eines Landes stimulieren kann, sind „national passions". Als Beispiel führt er hier die japanische Fotokamera-Industrie und die amerikanische Entertainment-Industrie an (Porter 1990, S. 90 f.).

3.3 Verwandte und unterstützende Branchen

Verwandte und unterstützende Branchen können auch Einfluss auf die Wettbewerbsfähigkeit von Unternehmen und Branchen haben (Porter 1990, S. 100 ff.).

So fließt beispielsweise die hohe Qualität der Produkte von Zulieferern in die Produkte der lokalen Unternehmen ein und verbessert somit deren Wettbewerbsfähigkeit (Schuler 2008, S. 21).

Außerdem verschaffen verwandte und unterstützende Branchen Kosten-, Koordinations- und Verflechtungsvorteile und die teilweise engen Verbindungen zwischen Produzenten und Zulieferern können Innovationsprozesse hervorbringen.

3.4 Unternehmensstrategie und –struktur, Inlandswettbewerb

Eine wichtige Entstehungsursache für nationale Wettbewerbsvorteile ist nach Porter (1990, S. 107 ff.) das Vorhandensein eines starken Inlandswettbewerbs und somit einer hohen Branchenrivalität. Dies führt zu einem Druck auf die Unternehmen, sich permanent zu verbessern und Innovationen hervorzubringen um ihre Marktposition zu behaupten und neue Märkte zu erschließen.

Diese Form des Wettbewerbs prägt auch die Art der Unternehmensführung und die Unternehmensstruktur (Bathelt/Glückler 2003, S. 150).

3.5 Die Rolle von Staat und Zufall

Porter (1990, S. 124 ff.) ergänzt sein Diamanten-Modell noch um zwei weitere Einflussfaktoren (Staat und Zufall), die allerdings nur eine ergänzende Rolle spielen (siehe Abbildung 4).

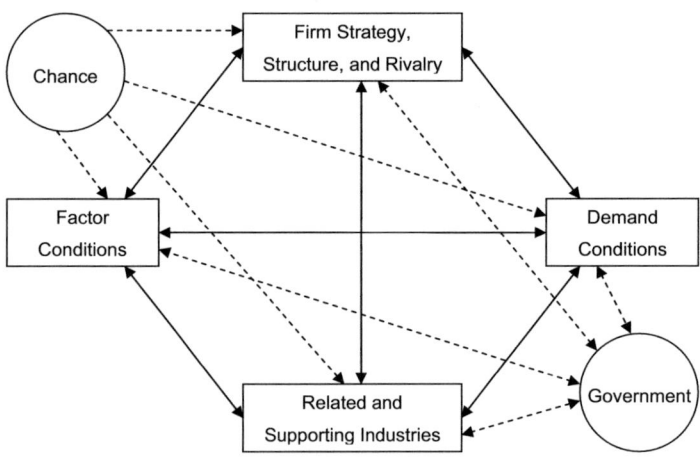

Abb. 4: Determinanten des Diamanten-Modells II (Porter 1990, S. 127)

Zum einen kann der Staat die einzelnen Determinanten beeinflussen (oder auch von ihnen beeinflusst werden), beispielsweise durch seine Steuerpolitik sowie durch Regulierungen oder Subventionen.

Zum anderen ist es der Zufall, der z.B. in Form von Naturkatastrophen oder Kriegen Einfluss auf die Entwicklung bestimmter Branchenstrukturen haben kann.

3.6 Der Zusammenhang zwischen dem Diamanten-Modell und Clustern

„Nations succeed not in isolated industries, however, but in ´clusters´ of industries connected through vertical and horizontal relationships. A nation's economy contains a mix of clusters, whose makeup and sources of competitive advantage (or disadvantage) reflect the state of the economy's development." (Porter 1990, S. 73)

In wettbewerbsfähigen Regionen hat Porter die vier entscheidenden Einflussfaktoren des Diamanten-Modells in überdurchschnittlicher Ausprägung vorgefunden und diese als „Cluster" bezeichnet (Schuler 2008, S. 21).

Im Zitat von Porter wird deutlich, dass er unter einem Cluster eine Häufung von Unternehmen und anderen Institutionen versteht, die miteinander in Beziehungen stehen. Allerdings fehlt hier noch insbesondere eine Definition der geographischen Ausbreitung eines Clusters. In seinen späteren Arbeiten zu Clustern entwickelt Porter (1998, S. 197 ff.) deren Definition weiter aus und spricht bei einem Cluster von „geographic concentraions of interconnected companies, specialized suppliers, service providers, firms in related industries, and associated institutions (for example universities, standards agencies and trade associations) in particular fields that compete but also cooperate. [...] The geographic scope of a cluster can range from a single city or state to a country or even a network of neighboring countries."

Dieses Phänomen der Clusterung von Industrien ist für Porter in allen Ländern seiner Studie sichtbar und er versucht zu erklären, warum Cluster ein entscheidendes „Feature" für nationale und regionale Wettbewerbsvorteile sein können (Porter 1990, S. 149 ff.; Schamp 2000, S. 134).

Ein Grund ist der verbesserte Produktionsprozess durch die vertikale Vernetzung der Unternehmen miteinander (z.b. durch Supply Chain Management). Porter (1990, S. 151) spricht hier ähnlich wie Marshall von einer interaktionsfördernden Atmosphäre, in der Informationen „frei und schnell und schnell zwischen den Unternehmen fließen können".

Außerdem herrscht durch die ständige horizontale Konkurrenz in einem Cluster ein Zwang zur kontinuierlichen Verbesserung und zu Innovationen; man kann sich nicht „auf seinen Lorbeeren ausruhen".

Porter (1990, S. 157) schreibt auch davon, dass ein Cluster eine starke anziehende Wirkung auf spezialisierte Arbeitskräfte hat und sich ein eigener Arbeitskräftepool bilden kann.

Generell ist die Clusterung an sich nach Porter ein „selbst verstärkender Prozess" und er betont immer wieder „the important role of geographic concentration" (Porter 1990, S. 157).

Fazit

Die vorliegende Seminararbeit soll dem Leser einen Einblick in die Entstehung (Kapitel 2) und Weiterentwicklung (Kapitel 3) der Clustertheorie gegeben haben.

Alfred Marshall (1890, 1920) war der Erste, der in seinen Werken über „spezialisierte industrielle Lokalisationen" und damit eine Frühform von Clustern sprach.

Ein Jahrhundert später war es dann Michael Porter (1990), der mit seinem „neo-Marshallian cluster concept" die Clusterwelle (siehe Kapitel 1) erst ins Rollen brachte (Kiese/Schätzl 2008, S. 47; Martin/Sunley 2003, S. 7). Trotzdem muss sich Porter auch mit einigen Kritikpunkten an seinem Konzept auseinandersetzen, beispielsweise der Faktordominanz oder der Unterbewertung sozialer Prozesse (Bathelt/Glückler 2003, S. 150 f.).

Für Martin/Sunley (2003, S. 7) gibt es zwischen den zwei Konzepten Marshalls und Porters durchaus Ähnlichkeiten. Schuler (2008, S. 24) betont allerdings auch diverse Unterschiede. So besteht ein Cluster nach Porter (1998, S. 197 ff.) aus kleinen und großen Unternehmen, die meist über funktionelle, geschäftliche Beziehungen verbunden sind. Dies steht in Kontrast zu Marshalls Industriedistrikten, bei denen die Stärke der sozialen, informellen Beziehungen zwischen kleinen Unternehmen als ein wesentlicher Erfolgsfaktor angesehen wird.

Abschließend lässt sich festhalten, dass immer noch theoretisch unzureichend geklärt ist, was Cluster genau sind und wie sie funktionieren. Trotzdem gilt Clusterpolitik als populäres Instrument der regionalen Wirtschaftsförderung, auch weil Porter und sein Team an der Harvard Business School es als eben dieses „policy tool" vermarkten (Kiese/Schätzl, 2008, S. 44 ff.; Martin/Sunley 2003, S. 6).

Literaturverzeichnis

Bathelt, Harald / Glückler, Johannes (2003), *Wirtschaftsgeographie*, 2. Aufl., Stuttgart: Ulmer.

Becattini, Giacomo (2003), The Return of the „White Elephant", in Arena, Richard / Quéré, Michel (Hrsg.), *The Economics of Alfred Marshall*, New York: Palgrave Macmillan, S. 13-31.

Kiese, Matthias / Schätzl, Ludwig (2008), Cluster und Regionalentwicklung: Eine Einführung, in Kiese, Matthias / Schätzl, Ludwig (Hrsg.), *Cluster und Regionalentwicklung*, Dortmund: Rohn, S. 1-50.

Markusen, Ann (1996), Sticky Places in Slippery Space: A Typology of Industrial Districts, *Economic Geography* 72(3), S. 293-313.

Marshall, Alfred (1890), *Principles of Economics*, Vol. I, London u.a.: Macmillan.

Marshall, Alfred (1920), *Industry and Trade*, 3rd Edition, London u.a.: Macmillan.

Martin, Ron / Sunley, Peter (2003), Deconstructing clusters: chaotic concept or policy panacea? *Journal of Economic Geography* 3(2003), S. 5-35.

Porter, Michael E. (1990), *The Competitive Advantage Of Nations*, New York: The Free Press.

Porter, Michael E. (1998), *On Competition*, Boston: Harvard Business School Press.

Raffaelli, Tiziano (2003), *Marshall's evolutionary economics*, London u.a.: Routhledge.

Schamp, Eike W. (2000), *Vernetzte Produktion*, Darmstadt: Wissenschaftliche Buchgesellschaft.

Scheuplein, Christoph (2006), *Der Raum der Produktion*, Berlin: Duncker und Humblot.

Schuler, Josef (2008), *Clustermanagement*, Sternenfels: Wissenschaft & Praxis.

Sternberg, Rolf / Kiese, Matthias / Schätzl, Ludwig (2004), Clusteransätze in der regionalen Wirtschaftsförderung, *Zeitschrift für Wirtschaftsgeographie* 48(3), S. 159-176.

BEI GRIN MACHT SICH IHR WISSEN BEZAHLT

- Wir veröffentlichen Ihre Hausarbeit,
  Bachelor- und Masterarbeit

- Ihr eigenes eBook und Buch -
  weltweit in allen wichtigen Shops

- Verdienen Sie an jedem Verkauf

Jetzt bei www.GRIN.com hochladen und kostenlos publizieren